THÉORIE

POUR LA

MANŒUVRE

DES

POMPES A INCENDIE

DE LA VILLE DE TOURCOING.

Par Louis [illegible]ard-Cuvillier, Capitaine-Commandant des Sapeurs-Pompiers.

TOURCOING,

IMPRIMERIE DE MATHON, GRANDE-PLACE.

1855

NOTE DE L'AUTEUR.

Cette théorie repose sur les principes généralement adoptés pour la manœuvre des pompes à incendie.

Pour faciliter l'application de ces principes, l'auteur a puisé dans diverses théories existantes les éléments qu'il a cru pouvoir appliquer au matériel d'incendie de la ville de Tourcoing ; il les a coordonnés entre eux et y a ajouté tout ce qu'il a cru nécessaire pour exécuter les manœuvres les plus indispensables.

INSTRUCTION
POUR
LA MANŒUVRE
DES
POMPES A INCENDIE.

1. *Observation générale.*

L'exécution des commandements non expliqués ci-après, se fait d'après les mêmes principes que les exercices et manœuvres de l'infanterie, en y appliquant toutefois les principes contenus dans cette théorie.

Première partie.

2. MANŒUVRES DE LA POMPE.

3. *Disposition des hommes.*

Pour la manœuvre d'une pompe à incendie, il faut *sept* hommes, que l'on dispose comme suit :

Premier rang devant se placer à la *gauche* de la pompe.	Deuxième rang devant se placer à la *droite* de la pompe.
Un sapeur de feu.	Un servant de droite.
Un servant de gauche.	Un premier travailleur de droite.
Un premier travailleur de gauche.	Un deuxième travailleur de droite.
Un deuxième travailleur de gauche.	

3 bis. Explication des différentes faces de la pompe.

(*L'avant* de la pompe est le côté de la flèche, et l'*arrière* est celui qui lui est opposé.

La gauche est le côté qu'on a à sa gauche quand on se trouve au centre de l'arrière de la pompe, en lui faisant face. — Etant dans la même position, le côté qu'on a à sa droite est *la droite* de la pompe).

4. On place les sept hommes ci-dessus nommés, sur deux rangs, comme il vient d'être dit article 3, le sapeur de feu en tête du premier rang, les servants et travailleurs de droite, derrière les servants et travailleurs de gauche, leur poitrine à 33 centimètres du dos de leur chef de file.

La droite de ce peloton, à six pas en arrière de la pompe (les hommes ayant la pompe à leur droite).

Dans les manœuvres, ces *sept hommes* sont commandés par un *chef de section*, auquel on adjoint un *sergent ou guide*. Dans ce cas, le *chef de section* se place à la droite du sapeur de feu, en tête du premier rang; et le *sergent*, derrière le sapeur de feu, au deuxième rang.

5. *Alignement des hommes.*

Ces hommes étant ainsi placés, on les aligne par les commandements suivants :

1. *Garde à vous.* — 2. *Sapeurs.* — 3. *A droite* ALIGNEMENT. — 4. FIXE.

6. *Entrer à la pompe étant derrière elle.*

Pour placer les hommes à la pompe, on commande :

1. *Par le flanc droit.* — 2. DROITE. — 3. *A vos postes.* — 4. *Pas accéléré.* — 5. MARCHE.

Au commandement de *marche*, les hommes se dirigent vers la pompe. Etant arrivé à quatre pas de la pompe, le premier rang (celui de gauche) oblique à gauche; le deuxième rang (celui de droite) oblique à droite.

Les servants s'arrêtent à la hauteur de l'extrémité de la flèche; les premiers travailleurs à l'avant du chariot; les deuxièmes travailleurs à l'arrière.

Les servants et travailleurs étant à leur poste, le sergent ou guide se place à la droite du servant de droite, et le chef de section à la droite du guide.

Le sapeur de feu se place à la gauche du servant de gauche.

7. *Lever la flèche.*

Pour faire lever la flèche, on commande :

AU LEVAGE.

Les servants se portent les pieds à 15 centimètres en-dedans de la traverse de la flèche, se baissent vivement, saisissent cette traverse à deux mains, les ongles en-dessous, et la lèvent à hauteur de ceinture.

Le sapeur de feu se place à côté du servant de gauche et conserve ce poste dans toutes les conversions de pied ferme.

Le chef de section et le guide appuient contre le servant de droite, pour ne pas laisser d'ouverture.

8. *Conversions de pied ferme, dans la position de marcher en avant, la pompe étant sur son chariot.*

On converse de trois manières :

1.° En faisant un demi à droite (ou à gauche ;

2.° En faisant un à droite (ou à gauche) ;

3.° En faisant un demi-tour à droite (ou à gauche).

10. 1.° Pour faire un demi à droite (ou à gauche), on commande :

1. *Oblique à droite* (*ou à gauche*). — 2. MARCHE.

Au premier commandement, le deuxième travailleur de gauche pose la main droite, et le deuxième travailleur de droite, la main gauche, sur le cordon de la bâche, pour pousser la pompe.

Au commandement de *marche*, les servants décrivent un demi-quart de cercle à droite, en partant du pied droit (ou un demi-quart de cercle à gauche en partant du pied gauche).

Les autres suivent le mouvement que le chef de section dirige et surveille.

11. 2.° Pour faire un à droite (ou à gauche), on commande :

1. *Tournez à droite* (*ou à gauche*). — 2. MARCHE.

Comme il vient d'être dit article 10, en observant de décrire un quart de cercle.

12. 3.° Pour faire un demi-tour à droite (ou à gauche), on commande :

1. *Demi-tour à droite* (*ou à gauche*). — 2. MARCHE.

Comme il vient d'être dit article 10, en observant de décrire un demi-cercle.

13. *Conversions de pied ferme, dans la position de marcher en arrière, la pompe étant sur son chariot.*

14. *Position pour marcher en arrière.*

On fait d'abord prendre la position pour marcher en arrière : pour cela on commande :

EN ARRIERE.

Les servants passent du dedans au-dehors de la traverse de la flèche, la maintenant à hauteur de ceinture et faisant face à la pompe.

Le sergent, le sapeur de feu et les travailleurs font demi-tour.

Le chef se porte à côté du deuxième travailleur de droite.

15 *Espèces de conversions.*

Etant dans la position de marcher en arrière, on converse aussi de trois manières, comme il vient d'être dit article 9, et par les mêmes commandements qu'aux articles 10, 11 et 12.

L'exécution est aussi la même qu'à ces trois articles, excepté qu'au premier commandement c'est le premier travailleur de gauche qui pose la main gauche, et le premier travailleur de droite qui pose la main droite, sur le cordon de la bâche.

Et qu'au commandement de *marche*, les servants décrivent leur portion de cercle en se portant vers la gauche et partant du pied gauche pour converser à droite (ou se portant vers la droite en partant du pied droit pour converser à gauche.)

16. *Observation relative aux conversions.*

Dans toutes les conversions, la pompe ne doit pas pivoter ; il faut toujours décrire la portion de cercle de manière à bien dégager le point de centre.

17. *Position pour marcher en avant.*

Etant dans la position de marcher en arrière ;

Pour faire reprendre la position de marcher en avant, on commande :

EN AVANT.

Les servants passent du dehors au-dedans de la traverse de la flèche, la maintenant toujours à hauteur de ceinture, et prenant la position désignée dans l'article 7.

Le chef, le sergent, le sapeur de feu, les travailleurs font demi-tour.

Le chef se porte à côté du guide.

---

18. MARCHES.

19. Toutes les marches seront au pas accéléré ou au pas de course.

20. Pour faire marcher, on commande :

1. *En avant (ou en arrière).*
— 2. *Pas accéléré.* — 3. MARCHE.

Au premier commandement, on exécute, s'il y a lieu, ce qui est dit aux art. 14, 17.

Au deuxième commandement, les travailleurs font ce qui est dit aux articles 10 et 15, pour s'apprêter à pousser la pompe au commandement de *marche*. Ceux qui ne poussent pas la pompe accrochent leur bricole aux crochets de la pompe. Le chef, le guide et le sapeur de feu, si l'on marche en avant, s'écartent pour faire place aux travailleurs qui ont accroché leur bricole et qui doivent se trouver entre eux et les servants.

Au troisième commandement, on se met en marche, en partant du pied gauche, les travailleurs tirant sur leur corde ou poussant de la main, selon leur position.

21. *Changements de direction en marchant.*

22 Pour faire changer de direction en marchant, on commande :

1. *Tournez à droite (ou à gauche).* — 2. MARCHE.

Au deuxième commandement, les servants décrivent en marchant un quart de cercle à droite (ou à gauche), et continuent de marcher droit devant eux.

23. Quand on tourne plusieurs pompes de front, on commande :

1. *A droite (ou à gauche), conversion.* — 2. MARCHE. — 3. *En avant.* — 4. MARCHE.

Au deuxième commandement, la pompe du côté de la direction tourne en décrivant doucement le cercle, et les hommes raccourcissant leur pas, attendent celle du côté opposé, qui converse avec elle sans changer la vitesse de son pas et en ayant soin de conserver sa distance.

Au quatrième commandement, qui se fait quand la conversion est terminée, on marche droit devant soi.

24. *Arrêter la pompe.*

25. 1. *Sapeurs.* — 2. HALTE.

Au deuxième commandement, les travailleurs abandonnent le cordon de la bâche ou cessent de tirer ; les servants retiennent la traverse de la flèche, en redressant le haut du corps. Tous s'arrêtent en rapportant le pied qui est en arrière à côté de l'autre.

26. *Observation sur les marches en arrière.*

Les marches et changements de direction en arrière s'exécutent d'après les mêmes principes qu'aux articles 18, 21, 24 et leurs suivants, en observant ce qui est dit aux articles 14 et 15.

27. DIVERS.

28. *Poser la Flèche à terre.*

Pour faire mettre flèche à terre, on commande :

FLÈCHE A TERRE.

Les servants se baissent vivement et posent la flèche à terre : les travailleurs décrochent leur bricole et tous reprennent leur place comme il est dit art. 6.

29. *Sortir de la pompe par le devant.*

1. *Hors la pompe en avant.* — 2. *Par le flanc droit et par le flanc gauche.* — 3. DROITE-GAUCHE. — 4. *Serrez en masse.* — 5. MARCHE.

Les premier, deuxième et troisième commandements ne se font que lorsque les hommes sont face à la pompe ; dans ce cas, au troisième commandement, les hommes de gauche font leur à gauche et ceux de droite font leur à droite.

Au commandement de *marche*, les servants ne bougent pas. Les travailleurs (et les hommes du cuvier, si l'on travaille avec les cuviers) viennent se serrer à 33 centimètres de distance. Le sapeur de feu se place en avant du servant de gauche ; le sergent, en avant du servant de droite ; et le chef de section, à la gauche du sapeur de feu.

30. Alors on commande :

1. *Hors la pompe.* — 2. *Pas accéléré.* — 3. MARCHE.

Au commandement de *marche*, tous partent du pied gauche ; la file de gauche marche droit devant elle ; et les hommes de la file de droite, au fur et à mesure qu'ils quittent la pompe, obliquent à gauche pour rejoindre le premier rang.

31. Quand les deux rangs se sont rejoints, on commande :

1. *Sapeurs*. — HALTE. — 3. FRONT. — 4. *A droite alignement*. — 5. FIXE.

32. *Repos*.

1. *En place*. — 2. REPOS.

Au deuxième commandement, les hommes, tout en restant à leur rang, ne sont plus tenus de garder l'immobilité, ni la position.

33. *Sortir de la pompe par le derrière*.

On fera sortir par derrière la pompe d'après les mêmes principes et moyens inverses qu'aux art. 29, 30 et 31, en commandant :

Hors la pompe en arrière,

Au lieu de *hors la pompe en avant*, *art*. 29.

Le chef de section, au lieu de se mettre à

côté du sapeur de feu, se place à côté du dernier homme du premier rang.

34. *Reprendre la position.*

Pour faire reprendre la position et l'immobilité dans les rangs, on commande :

1. *Garde à vous.*—2. *Sapeurs.*—3. *A droite alignement.* — 4. FIXE.

35. *Entrer à la pompe étant devant elle.*

Les hommes étant par-devant la pompe, on pourra les faire entrer à la pompe par les commandements suivants :

1. *Par le flanc gauche.* — 2. GAUCHE. — 3. *A vos postes.* — 4. *Pas accéléré.* — 5. MARCHE.

Au premier commandement, les hommes front à gauche et le chef de section se porte à côté du dernier homme du premier rang.

Au cinquième commandement, les hommes se mettent en marche, en ouvrant les rangs; sitôt arrivés à quatre pas de la pompe, chacun s'arrêtant à son poste, comme il est dit art. 6.

Le chef de section s'arrête à la hauteur de la traverse de la flèche et laisse défiler son escouade ; quand les servants et travailleurs sont à leur poste, on commande :

1. *Sapeurs.* — 2. *Demi-tour.* — 3. DROITE.

Les servants et travailleurs font demi-tour. Le chef et le sergent se placent comme il est dit art. 6.

36. *Observations concernant la manœuvre du cuvier.*

La manœuvre du cuvier s'exécute d'après les moyens et principes indiqués plus haut pour la manœuvre de la pompe.

Le sergent (ou guide) commandera les hommes du cuvier et se conformera exactement à tout ce qui est dit pour le chef de section qui commande la pompe.

Dans les mouvements pour sortir de la pompe, lorsque les hommes du cuvier auront rejoint ceux de la pompe, le sergent se placera à deux pas derrière le centre des hommes du cuvier.

37. *Disposition des hommes du cuvier.*

Il y aura par cuvier, 6 hommes, disposés comme suit :

Premier rang, devant se placer à la *gauche* du cuvier.	Deuxième rang, devant se placer à la *droite* du cuvier.
Un servant de gauche.	Un servant de droite.
Un premier travailleur de gauche.	Un premier travailleur de droite.
Un deuxième travailleur de gauche.	Un deuxième travailleur de droite.

38 ÉTABLISSEMENT DE LA POMPE.

Il doit se trouver sur la pompe 3 demi-garnitures de boyaux attachées ensemble.

39. *Manœuvres.*

Il y a trois sortes de manœuvres pour aire fonctionner la pompe, savoir :

1.° *La manœuvre détaillée.* — Art. 41.
2.° *La manœuvre en 5 temps.* — Art. 81.
3.° *La manœuvre précipitée.* -- Art. 87.

40. *Position des hommes pour la manœuvre de la pompe.*

Pour faire fonctionner la pompe, on place les hommes à la pompe, comme il est dit aux art. 6 ou 35. Cela fait, on commande :

1. *Face à la pompe.* — 2. FRONT. — 3. FIXE.

Au deuxième commandement, les hommes font face à la pompe, les uns par un à droite, les autres par un à gauche. Le rang de droite s'aligne à droite, le rang de gauche s'aligne à gauche.

Le sapeur de feu se place à 3 pas en avant

du centre de la traverse de la flèche et fait aussi face à la pompe.

Le sergent (s'il n'est pas au cuvier) se porte en arrière de la pompe, à 2 pas vis-à-vis du centre et lui faisant face.

Le chef de section, qui est à la droite de la pompe, sur le rang des servants, fait aussi face à la pompe, en restant à sa place.

Ce chef et le sergent restent dans cette position pendant toute la manœuvre.

Le troisième commandement se fait quand chacun est à son poste.

---

41. 1.° MANŒUVRE DÉTAILLÉE.

Pour faire exécuter cette manœuvre, on commande :

42. MANOEUVRE DÉTAILLÉE.

43. *Premier temps. Pose de la pompe à terre.* 3 mouvements.

44. 1. EN MANOEUVRE.

Les servants font face à la pompe, celui de droite par un à droite, et celui de gauche par un à gauche : ils se portent à 15 centimètres en dehors de la traverse de la flèche.

Le sapeur de feu fait demi-tour, se porte au pas accéléré à l'endroit où doit être placé le chariot, et fait face à la pompe.

Dans une réunion de plusieurs pompes, les sapeurs de feu sont alignés par le sergent-sapeur.

45. 2. DÉCHAINEZ.

Le deuxième travailleur de gauche ôte la clavette, enlève l'extrémité de la barre de la main droite et la passe au deuxième travailleur de droite, qui la fixe dans la patte à tige placée sur le flasque du chariot.

Chacun reprend alors sa position.

46. 3. POMPE A TERRE.

Les servants se baissent vivement, saisissent la traverse de la flèche à deux mains, les ongles en dessous, et la lèvent au-dessus de leur tête; ils ne l'abandonnent que lorsque l'arrière du chariot touche terre

47. Pendant ce temps, les deuxièmes travailleurs appuient les mains sur la bâche pour empêcher la pompe de basculer.

Aussitôt après avoir lâché la traverse de la flèche, le servant de droite place vivement son épaule droite sous la flèche, la main gauche à la naissance du heurtoir, en saisit le talon de la main droite, et attire à lui le chariot qu'il conduit avec l'aide du servant de gauche à l'endroit marqué par le sapeur de feu ; ils posent alors la traverse de la flèche à 15 centimètres des pieds dudit sapeur, et reviennent promptement sur la ligne des travailleurs.

Tous font face à la pompe.

48. *Changements de la position de la pompe étant à terre.*

Chaque fois qu'on voudra transporter la pompe dans un autre lieu, il faudra démonter les boyaux, s'ils sont développés, pour éviter l'inconvénient grave de les laisser traîner à terre.

Le chef de section dirige le mouvement en se portant comme il est dit pour les conversions et marches de la pompe sur son chariot.

Le guide s'y conforme de même.

49. La pompe étant à terre et les hommes y faisant face, si on veut la faire tourner, on commande :

1. *Tournez à droite (ou à gauche), (voir pour cela les mots entre deux parenthèses.)* — 2. MARCHE.

Au premier commandement, le servant de droite (de gauche) faisant face à la pompe, saisit l'extrémité de la chaîne avec la main gauche (droite), les ongles en dessous, prend aussi la chaîne de la main droite (gauche), à 50 centimètres de la main gauche (droite), les ongles en dessus; déboîte à gauche (à droite) de manière que sa chaîne forme un angle droit avec le côté du patin en se fendant du pied gauche (droit), à 50 centimètres sur la gauche (la droite) et portant le poids du corps sur la jambe gauche (droite).

Le deuxième travailleur de gauche (de droite) saisit sa chaîne comme le servant de droite (de gauche) a saisi celle de l'avant, la dirigeant sur la gauche (la droite) de la pompe, aussi d'équerre avec le patin, se fend du pied gauche (droit) de la même manière que le servant de droite (de gauche.)

Le deuxième travailleur de droite (de gauche) porte les mains sur le cordon de la bâche pour empêcher la pompe de verser.

Au deuxième commandement, le servant et le travailleur tirent sur les chaînes qu'ils ont en main, et font faire, en marchant sans secousse, un quart de cercle à la pompe.

Les autres suivent le mouvement.

Sitôt le mouvement achevé, on accroche les chaînes aux crochets de l'entablement et chacun reprend sa position.

50. Si l'on commande :

1. *Oblique à droite (ou à gauche).* — 2. MARCHE.

On exécute ce qui vient d'être dit art. 49 , en observant de faire seulement un demi-quart de cercle, ou le changement de direction suffisant pour se porter vers le point désigné.

51. On fait demi-tour par le même moyen de l'art. 49 , en observant de décrire un demi-cercle. Pour cela on commande :

1. *Demi-tour à droite (ou à gauche).* — 2. MARCHE.

51 *bis.* Dans les conversions de pied ferme on accroche les chaînes à l'entablement , sitôt le mouvement exécuté.

52. Pour faire porter la pompe en avant , on commande :

1. *En avant.* — 2. MARCHE.

Au premier commandement, l'un des servants saisit la chaîne de l'avant , comme il vient d'être dit art. 49 , en observant de se placer en avant de la pompe et lui tournant le dos.

Les deuxièmes travailleurs saisissent aussi chacun leur chaîne et se placent sur les côtés de la pompe, en dirigeant leur chaîne en avant.

Au deuxième commandement, on se met en marche, en tirant sur les chaînes.

Les autres suivent le mouvement.

53. Pour faire arrêter le mouvement, on commande :

1. *Sapeurs.* — 2. HALTE.

Au deuxième commandement, on s'arrête, puis on accroche les chaînes aux crochets de l'entablement.

Tous font face à la pompe.

54. Pour faire porter la pompe en arrière, on commande :

1. *En arrière.* — 2. MARCHE.

Au premier commandement, l'un des servants pose les mains sur le T du balancier, en l'inclinant sur l'avant ; si les boyaux sont développés, il se fend en arrière du pied droit, à 25 centimètres du pied gauche.

Les deuxièmes travailleurs saisissent leur chaîne, se portant en arrière de la pompe et lui tournant le dos.

Au deuxième commandement, on se met

en marche, le servant poussant sur le T et les travailleurs tirant sur les chaînes.

Les autres suivent le mouvement.

55. On fera cesser la marche en arrière, par les commandements prescrits dans la marche en avant, art. 53.

56. Pour changer de direction étant en marche, on commande :

1. *Tournez à droite* (*ou à gauche*). — 2. MARCHE.

Au deuxième commandement, on décrit un quart de cercle à droite (ou à gauche).

57. Dans les mouvements en arrière, le servant facilite la conversion en faisant tourner l'avant de la pompe.

58. Pour exécuter en demi-quart de cercle, on commande :

1. *Oblique à droite* (*ou à gauche*). — 2. MARCHE.

59 *Deuxième temps. Etablissement de la pompe. 5 mouvements.*

60. 1. DÉMARREZ.

Les travailleurs de droite détachent les boucles de courroies, chacun prenant celle qui est de son côté.

Le deuxième travailleur de gauche détache la boucle de courroie qui tient la garniture sur le patin.

Le premier travailleur de gauche fixe la vis de cette garniture à la pompe.

Le premier travailleur de droite et le deuxième de gauche prennent les leviers et es posent à terre, contre la pompe, chacun s'occupant de celui qui est de son côté.

Pendant ce temps, le sapeur de feu se porte à l'endroit où doit se poster la lance, comme il est dit art. 44.

61. 2. DEVELOPPEZ.

Le servant de gauche prend la lance, la saisit à 15 centimètres du recors, avec la main gauche, les ongles en dessous; et à 15 centimètres de l'orifice, avec la main droite, les ongles au-dessus, ayant le tuyau à sa gauche. Il se dirige vers le sapeur de feu, en passant à la gauche du chariot, si ce chariot est en face de la pompe.

Le servant de droite, aidé par tous les

travailleurs, allonge et dispose les boyaux, selon l'établissement indiqué, en ayant soin de redresser les boyaux qui auraient pu se tordre ou former des coudes ; il se place ensuite au recordement qui suit celui de la lance. (Du même côté que le servant de gauche.)

Sitôt que la lance est à sa place, le sapeur de feu se porte au recordement qui suit celui de la pompe. (Du côté opposé aux servants).

Les travailleurs reprennent leur position.

62. 3. FIXEZ L'ÉTABLISSEMENT.

Les servants et le sapeur de feu ressèrent les recordements: (le servant de gauche celui de la lance (le quatrième) ; le servant de droite, celui qui suit la lance (le troisième) ; et le sapeur de feu le deuxième). Ils assurent l'établissement des demi-garnitures et se placent à leur recordement, comme il est dit dans l'article 61.

Le premier travailleur de droite et le deuxième de gauche prennent chacun leur levier et le placent dans les anneaux du balancier.

Le premier travailleur de gauche et le deuxième de droite posent le tamis sur la bâche, chacun de leur côté

Les travailleurs reprennent leur position de face à la pompe.

63. 4. EMPLISSEZ LA POMPE.

Les servants et travailleurs du cuvier le conduisent à la droite de la pompe et la remplissent d'eau.

64. 5. PRENEZ VOS DISPOSITIONS.

Les travailleurs de droite et de gauche se placent aux extrémités du balancier et saisissent les leviers à deux mains : les premiers travailleurs en avant de la pompe et les deuxièmes à l'arrière.

64 bis. *Troisème temps. Manœuvre de la pompe.* **2** *mouvements.*

65. 1. POMPEZ (*roulement court*)

Au roulement de tambour qui se fait immédiatement après le commandement de : ***Pompez***, on fait mouvoir le balancier à longs coups et de manière à ce qu'il touche alternativement les extrémités de l'entablement, en baissant d'abord le balancier du côté de l'avant.

66. 2 — 1 *Sapeurs.* — **2** HALTE (*roulement prolongé*.)

Au roulement de tambour qui se fait immédiatement après le commandement de : *halte*, les hommes cessent de pomper. Ils auront soin que le balancier soit toujours incliné sur l'entablement du côté de l'arrière.

67. *Quatrième temps. Remontage de la pompe. 4 ou 6 mouvements.*

68 1. OU I. DÉMONTEZ.

Le servant de gauche démonte la lance et la pose à terre.

Le servant de droite démonte le troisième recordement, le sapeur de feu le deuxième, et le premier travailleur de gauche le premier (celui de la pompe).

Pendant ce mouvement, le premier travailleur de droite et le deuxième de gauche ôtent les leviers et les tamis, chacun de leur côté et les posent à terre, à deux pas de la pompe.

69. 2. OU II. VIDEZ LA POMPE ET LES DEMI-GARNITURES.

Les travailleurs de droite et de gauche se portent à l'extrémité du balancier, comme il est dit art. 64, saisissent chacun une branche du T à deux mains, manœuvre la pompe jusqu'à ce que l'eau en soit entièrement sortie. Aussitôt après, ils l'inclinent doucement du côté gauche, les travailleurs de gauche agissant par les extrémités du balancier, et ceux de droite soulevant et maintenant la pompe par les cordons de la bâche. Ils auront soin que la vis ne touche pas par terre pendant que le récipient se videra entièrement.

Les travailleurs redressent ensuite la pompe sans changer leurs mains et reprennent leur position de face à la pompe.

Pendant ce temps, les servants et le sapeur de feu prendront chacun leur demi-garniture à 15 centimètres de la boîte, élèveront leurs bras, après l'avoir saisie des deux mains, distantes l'une de l'autre d'environ 45 centimètres. Ensuite ils marcheront du côté de la pompe, en faisant passer cette demi-garniture d'une main dans l'autre, de manière que chaque partie ait passé à son tour par le point le plus élevé et soit, par conséquent, dégagée de l'eau qu'elle contenait.

Ils retourneront ensuite à l'endroit où ils ont démonté leur recordement.

70. *Observation pour abattre la pompe sur l'arrière.*

Si l'intérieur de la bâche est sale et demande à être lavé, on abat alors la pompe sur le T de l'arrière par les moyens décrits aux articles 71 et 72 qui suivent, on commande : 1.°

71. III. ABATTEZ SUR L'ARRIÈRE.

Les deuxièmes travailleurs inclinent le balancier sur l'extrémité de l'entablement du côté de l'arrière.

Le premier travailleur de gauche saisit la poignée de l'avant du patin avec la main droite. Le premier travailleur de droite saisit l'autre poignée avec la main gauche. Les deuxièmes travailleurs prennent le cordon de la bâche sur le devant, celui de gauche avec la main gauche, celui de droite avec la main droite, l'autre main saisissant le cordon à l'arrière de la bâche. Ils lèvent alors l'avant de la pompe jusqu'à ce qu'elle soit en équilibre sur l'arrière.

Les servants s'avancent alors vers la pompe y faisant face, saisissent le haut du patin à deux mains et le poussent de manière à faire porter la pompe sur le T de l'arrière, jusqu'à ce que la bâche soit assez inclinée pour que l'eau qu'elle contient puisse en sortir.

Pendant ce mouvement les premiers travailleurs n'abandonnent pas les poignées de l'avant et les deuxièmes travailleurs lavent l'intérieur de la bâche.

La bâche étant bien nettoyée, les servants laissent retomber doucement la pompe de leur côté jusqu'à ce que l'arrière du patin touche à terre; et ils vont reprendre leur position, alors on commande: 2.°

72. IV. METTEZ A TERRE.

Les premiers travailleurs qui tiennent toujours les poignées de l'avant, aidés par les deuxièmes travailleurs poussent doucement la pompe pour la poser à terre.

Chacun reprend alors sa position.

73. 3. OU V. REMONTEZ.

Le servant de gauche remonte la lance, le servant de droite et le sapeur de feu les recordements qu'ils ont démontés.

Le deuxième travailleur de gauche fixe le premier recors à la petite courroie attachée à l'arrière du patin.

Le premier travailleur de gauche et le deuxième de droite posent les tamis sur le balancier et les attachent ensemble.

74. 4. OU IV. ARMEZ LA POMPE.

Le premier travailleur de gauche fera passer le boyau sous la branche de T de l'avant et le fera revenir au-dessus. Les autres travailleurs l'aideront ; ils le feront plonger immédiatement dans la bâche de l'avant à l'arrière, du côté opposé à la sortie. Ils établiront alors en travers des plis qu'ils auront soin de bien assurer dans le fond de la bâche en les plaçant toujours alternativement de l'avant à l'arrière et de l'arrière à l'avant.

Pendant ce travail les servants et le sapeur de feu supporteront les boyaux pour qu'ils ne traînent pas à terre : arrivé au dernier pli, le servant de gauche fera glisser la lance sur la bâche du côté gauche entre les plis des boyaux et l'entablement.

75. Le premier travailleur de droite et le deuxième de gauche prendront les leviers par le gros bout et les placeront sur la bâche, en-dehors des plis des boyaux.

Alors tous les travailleurs feront tourner les courroies autour de chaque bout des leviers, chacun de leur côté, et les feront passer par les pistons de l'entablement ; les travailleurs de gauche avanceront ensuite les bouts de leurs courroies à ceux de droite, qui fixeront le tout en faisant les boucles.

Ce travail terminé, chacun reprendra la position de face à la pompe ; seulement le sapeur de feu au lieu de se porter à trois pas en avant de la pompe, se placera à la gauche du servant de gauche.

76. 5.e *Temps.* —*Chargement de la pompe sur son chariot* — 3 *Mouvements.*

77. 1. CHARGEZ LA POMPE.

Le premier travailleur de gauche saisit la poignée de l'avant du patin avec la main droite.

Le premier travailleur de droite saisit l'autre poignée avec la main gauche, et les deuxièmes travailleurs prennent le cordon de la bâche sur le devant, celui de gauche avec la main gauche ; celui de droite avec la main droite, l'autre main saisissant le cordon à l'arrière de la bâche. Ils lèvent alors l'avant de la pompe, jusqu'à ce qu'elle soit en équilibre.

Pendant ce temps et sitô' le commandement, les servants se dirigent vivement vers le chariot, se placent en-dehors de la traverse de la flèche y faisant face, le lèvent à hauteur de ceinture, font marcher le chariot en arrière et le dirigent sur l'avant de la pompe. Y étant arrivés, ils le placent le plus près possible, lèvent la flèche au-dessus de leur tête, et ne l'abandonnent que lorsque l'arrière a touché terre. Le servant de droite place alors son épaule droite sous la flèche, comme il est dit art. 47; Pousse le chariot le plus avant possible sous la pompe, et le servant de gauche pose le pied droit sur l'essieu, pour empêcher le chariot de reculer.

Les premiers travailleurs de droite et de gauche saisissent ensuite un des rayons de la roue, contre le cercle: celui de gauche avec la main gauche, et celui de droite avec la main droite; puis aidés par les autres travailleurs, ils poussent la pompe sur son chariot.

Cela fait, le servant de gauche détache la chaîne de l'avant et l'accroche tendue au crochet de la flèche.

78. 2. ABATTEZ LA FLÈCHE.

Les deuxièmes travailleurs de droite et de gauche lèvent l'arrière de la pompe par les poignées, celui de gauche avec la main droite, et celui de droite avec la main gauche.

Les servants saisissent en même temps la traverse de la flèche et l'abattent vivement; ils la posent doucement à terre, placent le pied sur la traverse pour empêcher le chariot d'avancer.

Le premier travailleur de droite tire sur chaîne de l'avant et les deuxièmes travailleurs de droite et de gauche poussent la pompe afin de la remettre à sa place.

79. 5. ENCHAINEZ.

Le servant de gauche se fend du pied droit, courbe brusquement le corps, décroche la chaîne de la flèche et l'attache au crochet de l'avant de l'entablement.

Le deuxième travailleur de droite passe la barre d'arrêt au deuxième travailleur de gauche qui en fixe l'extrémité sur la patte à tige placée de son côté, et met la clavette.

Chacun fait face à la pompe.

80. *Récapitulation des mouvements de la manœuvre détaillée.*

MANOEUVRE DÉTAILLÉE. Art. 42

1.er *Temps* — 3 *Mouvements*. Art. 43.

1. EN MANOEUVRE. Art. 44.
2. DÉCHAINEZ. Art. 45.
3. POMPE A TERRE. Art. 46 et 47.

2.e *Temps* — 5 *Mouvements*. Art. 59.

1. DÉMARREZ. Art. 60.
2. DÉVELOPPEZ. Art. 61.
3. FIXEZ L'ÉTABLISSEMENT. Art. 62.
4. EMPLISSEZ LA POMPE. Art. 63
5. PRENEZ VOS DISPOSITIONS. Art. 64.

3.e *Temps* — 2 *Mouvements*. Art. 64 *bis*.

1. Pompez (roulement court) Art. 65.
2. 1. Sapeurs — 2. Halte (roulement prolongé.) Art. 66.

4.e *Temps* — 4 ou VI *mouvements*. Art. 67.

1. ou I. Démontez. Art. 68.
2. ou II. Videz la pompe et les demi-garnitures. Art. 69.
III. Abattez sur l'arrière. Art. 71.
IV. Mettez a terre Art. 72
3. ou V. Remontez. Art. 73.
4. ou VI. Armez la pompe. Art. 74 et 75.

5.e *Temps* — 3 *Mouvements*. Art. 76.

1. Chargez la pompe. Art. 77.
2. Abattez la flèche. Art. 78.
3. Enchainez. Art. 79.

---

81. 2.° MANŒUVRE EN 5 TEMPS.

La manœuvre détaillée se décompose en 5 temps, comme suit :

1. Pose de la pompe à terre. Art. 43.
2.e Établissement de la pompe. Art. 59.
3.° Manœuvre de la pompe. Art. 64 *bis*.

4.° Remontage de la pompe. Art. 67.
5.° Chargement de la pompe sur son chariot. Art. 76.

82. *Exécution de la manœuvre en 5 temps.*

Pour faire exécuter cette manœuvre, on commande :

Manœuvre en 5 temps.

83. 1.° POMPE A TERRE. Art. 43.

Le sapeur de feu se porte à l'endroit où doit être posé le chariot, comme il est dit art. 44.

On exécute sans autre commandement les mouvements suivants :

1.° En manœuvre. Art. 44.
2.° Déchaînez. Art. 45.
3.° Pompe à terre. Art. 46 et 47.

84. 2.° ÉTABLISSEZ LA POMPE. Art. 59.

Le sapeur de feu se porte à l'endroit où doit se poster la lance, comme il est dit art. 60.

A ce commandement, on exécute les mouvements suivants :

1.° Démarez. Art. 60.
2.° Développez. Art. 61.

3.° Fixez l'établissement. Art. 62.
4.° Emplissez la pompe. Art. 63.
5.° Prenez vos dispositions. Art. 64.

84 *bis*. 2.° Pompez. Art. 64 *bis*.

On exécute les mouvements de :

1.° Pompez (roulement court.) Art. 65.
2.° Sapeur : halte (roulement prolongé.) Art. 66.

85. 4.° Videz et remontez la pompe. Art. 67.

On exécute les mouvements qui suivent :

1.° ou I. Démontez. Art. 68.
2.° ou II. Videz la pompe et les demi-garnitures. Art. 69.
III. Abattez sur l'arrière. Art. 71.
IV. Mettez à terre. Art. 72.
3.° ou V. Remontez. Art. 73.
4.° ou VI. Armez la pompe. Art. 74 et 75.

86. 5.° Chargez la pompe. Art. 76.

On exécute les mouvements suivants :

1.° Chargez la pompe. Art. 77.
2.° Abattez la flèche. Art. 78.
3.° Enchaînez. Art. 79.

87. 3.° MANŒUVRE PRÉCIPITÉE.

88. *Exécution du la manœuvre précipitée.*

Pour exécuter cette manœuvre, on commande :

1. *Manœuvre précipitée.* —
2. EN MANOEUVRE.

Au deuxième commandement, on exécute successivement et sans autres commandements, tous les mouvements de la manœuvre détaillée (voir l'article 80). Seulement, pour l'exécution du troisième temps (article 64 *bis*), les travailleurs attendent le premier roulement de tambours pour faire mouvoir le balancier, et le deuxième roulement pour l'arrêter. Alors ils achèvent les autres mouvents sans attendre aucun commandement.

Immédiatement après le commandement de *en manœuvre*, le sapeur de feu va désigner la place où doit être posé le chariot. Sitôt le chariot en place, il se porte à l'endroit où doit se poster la lance, comme il est dit aux articles 44 et 60.

---

89. *Observation relative aux trois manœuvres.*

Les manœuvres de la pompe peuvent se faire par *trois hommes* seulement.

Dans ce cas, il y a,

1 servant, — 1 travailleur de gauche, — 1 travailleur de droite.

Le servant exécute seul tout ce que font les deux servants.

Le travailleur de gauche, ce que font les deux travailleurs de gauche.

Le travailleur de droite, ce que font les deux travailleurs de droite.

Les deux travailleurs étant face à la pompe, se tiennent en face des moyeux de la roue.

Fin de la première partie.

Deuxième partie.

90. ÉVOLUTIONS DE PLUSIEURS POMPES RÉUNIES.

91. DISPOSITIONS GÉNÉRALES.

92. Les principes contenus dans la première partie, appliqués à une seule pompe, sont également applicables à la réunion de plusieurs pompes.

93. Dans les évolutions de plusieurs pompes, chaque pompe forme *une section ou escouade*. Il faut deux sections pour *un peloton*, et deux pelotons pour *une division*.

94. Quand on manœuvre avec les cuviers, les chefs de sections sont *guide de leur pompe* et observent tout ce qui est dit pour le guide.

Les sergents sont *guides aux cuviers* et y observent tout ce qui est dit pour le chef de section.

95. Etant en *ligne* (*en bataille*), *le sergent ou guide* se tient à la droite des servants de la pompe, ou à la droite des servants de cuviers quand la manœuvre se fait avec des cuviers.

Le chef de section se tient à la droite des servants de la pompe si le guide est au cuvier, et à la droite du guide si ce guide est à la pompe.

96. Etant *en colonne*, par section, par peloton ou par division, les chefs et guides sont toujours à la droite de leurs servants, et ne vont à gauche qu'au commandement de *guide à gauche.*

97. L'adjudant prend sa place comme dans les manœuvres en armes, pour rectifier et maintenir les alignements.

98. Le sapeur de feu se tient toujours à la gauche des servants de la pompe.

Lorsque le guide sera de son côté, il lui cèdera sa place et se postera derrière lui.

99. *Les conversions*, *les tournez* de pied ferme ou en marche, *les demi-tours*, *les marches* en avant et en arrière, *les diverses manœuvres de pompes* s'exécutent comme il a été dit dans la première partie.

100. Toutes les évolutions se font au pas accéléré.

101. Lorsque plusieurs pompes doivent être manœuvrées ensemble, on les place en ligne, et, autant que possible, à dix pas d'in-

tervalle, les cuviers à trois pas derrière leur pompe.

102. On *place les hommes à la pompe*, on leur fait prendre les positions de *levez la flèche* par les commandements prescrits aux articles 4, 5, 6, 7 et 35 de la première partie.

---

103. ALIGNEMENT DES POMPES.

Pour aligner les pompes, on fait prendre un numéro d'ordre à chacune d'elle, en commençant par la droite, et l'on doit toujours faire avancer de quelques pas les deux premières pompes du côté de l'alignement, pour en servir de base, de manière que toutes les autres soient en arrière de celles-ci et qu'on ne soit pas obligé de reculer pour s'aligner. Cela fait, on commande :

104. 1. *A droite (ou à gauche) alignement.* — 2. FIXE.

Au premier commandement, toutes les pompes se portent sur la ligne, les hommes ayant la tête tournée du côté de l'alignement.

Le deuxième commandement se fait lorsque l'adjudant s'est assuré de l'alignement.

105. Les cuviers suivent le mouvement de leur pompe, se tenant toujours à trois pas derrière elle. Ils sont alignés par le premier sergent de chaque division.

---

106. ÉTANT EN LIGNE, SE FORMER EN COLONNE.

107. *Etant en ligne, les pompes à distance, se former en colonne par pompe à droite.*

108. 1. *Par pompe à droite.* — 2. MARCHE.

Au premier commandement, les chefs de section commandent :

Tournez à droite.

Au deuxième commandement, toutes les pompes exécutent leur à droite comme il est dit article 11.

109. Si l'on manœuvre avec les cuviers, le chef de section, sitôt l'exécution du tourner, commande : *en avant.* A ce commandement, la pompe avance de cinq pas dans la colonne et est arrêtée par son chef qui commande :

Première ou deuxième, etc., pompe. — HALTE.

110. Les cuviers ont marché droit devant eux, et ils ne tournent à droite qu'arrivés à la même place où leur pompe a fait son tourner. Sitôt ce tourner exécuté, ils s'arrêtent.

Ces mouvements s'exécutent aux mêmes commandements que pour la pompe, répétés par le chef du cuvier qui substitue le mot de *cuvier* à celui de pompe.

111. *Etant en ligne, les pompes serrées de manière que la distance entr'elles soit trop rapprochée pour se loger ou loger les cuviers dans la colonne ; se former en colonne par pompe à droite.*

112. 1. *Par pompe à droite en colonne.* — **2.** MARCHE.

Au premier commandement, le chef de la première section seulement, commande :

Première pompe. — TOURNEZ A DROITE.

Au commandement de *marche*, répété par le chef de la première section seulement, la première pompe exécute son à droite. Le chef commande alors :

EN AVANT.

La pompe continue de marcher droit devant elle, suivie, s'il y a lieu, de son cuvier, qui vient tourner à la même place.

113. Aussitôt que ce cuvier, ou la pompe si l'on manœuvre sans cuvier, a fait son à droite, le chef de la deuxième section commande :

Deuxième pompe, tournez à droite.
— MARCHE.

A ce commandement de *marche*, la deuxième pompe et son cuvier exécutent leur mouvement comme il vient d'être dit pour la première, et continuent de marcher dans la colonne.

Et ainsi de suite pour les autres pompes.

114. Les cuviers exécutent leurs mouvements d'après les commandements ci-dessus; répétés par les chefs des cuviers, qui substituent le mot *cuvier* à celui de pompe.

115. 3.° *Etant en ligne, se former en colonne par la droite, pour marcher vers la gauche.*

1. *Rompre par la droite pour marcher vers la gauche.* — 2. *Par pompe à droite* (*en colonne dans le cas de l'article* 111.) — 3. MARCHE.

Même exécution que dans les articles 107 et 111, excepté qu'au deuxième commandement le chef de la première section, commande : *Première pompe. — En avant* ; et qu'au troisième commandement, cette première pompe se porte en avant, suivie de son cuvier si l'on manœuvre avec.

117. Si l'on a commandé *en colonne*, la première pompe, toujours suivie de son cuvier, continue de marcher en avant.

118. Si l'on a pas fait le commandement de : *en colonne*, le chef de la première section arrête sa section sitôt que l'arrière de sa pompe ou de son cuvier, si on manœuvre avec, a dépassé la gauche de la colonne; pour cela, il commande :

Première pompe. — HALTE.

A ce commandement de *halte*, la première pompe s'arrête ainsi que son cuvier, dont le chef commande :

Premier cuvier. — HALTE.

118 *bis. Observations.*

119. Dans les trois cas des articles **107**, **111**, **115** et leurs suivants, *on se forme de* *la même manière en colonne, par peloton ou division*, en substituant les mots de *peloton ou division* à celui de pompe, et en observant les principes et commandements des conversions, comme il est dit article 23.

120. Dans les cas des articles 107, 111, 115 et 119, on *rompra à gauche*, d'après les mêmes principes et par les moyens inverses, en substituant dans le commandement la dénomination de *gauche* à celle de *droite*.

---

121. MARCHES.

122. Pour mettre la colonne en marche, on commande :

1. *Colonne en avant.* — 2. *Guide à gauche* (*ou à droite.*) — 3. *Pas accéléré.* — 4. MARCHE.

Au deuxième commandement, les chefs de section et les guides se placent à gauche (ou à droite) des servants, s'ils n'y sont pas, en passant devant eux.

Au quatrième commandement, répété par chaque chef, la colonne se met en marche en partant du pied gauche, chacun ayant soin de conserver ses distances.

123. Le commandant et l'adjudant se tiennent en tête de la colonne, du côté des guides.

124. *Changement de direction en marchant.*

124 *bis*. Etant en marche, par section, si l'on veut changer de direction, le commandant commande :

TÈTE DE COLONNE A DROITE (OU A GAUCHE).

Chaque chef de section, en arrivant à l'endroit du changement de direction, commande :
Tournez à droite (ou à gauche). — MARCHE.
Au commandement de *marche*, chaque pompe tourne successivement à droite (ou à gauche).

125. Le cuvier marche droit devant lui et tourne à la même place que sa pompe, par les mêmes commandements faits par le chef du cuvier.

126. Si l'on marche par peloton ou division, au lieu de commander *tournez à droite (ou à gauche)*, en arrivant au changement de direction, on commande :

1. *A droite (ou à gauche) conversion.* — 2. MARCHE. — 3. *En avant.* — 4. MARCHE.

Au deuxième commandement, les pompes conversent à droite (ou à gauche), comme il est dit article 23.

127. Les cuviers suivent toujours leur pompe et conversent à la même place, d'après les mêmes principes et commandements faits par leurs chefs.

128. *Arrêter la colonne.*

1. *Colonne.* — 2. HALTE.

Au commandement de *halte*, vivement répété par les chefs, la colonne s'arrête.

---

129. ÉTANT EN COLONNE, SE FORMER EN LIGNE.

130. 1.° *Etant en colonne par pompe, la droite en tête, et la colonne étant arrêtée; se former à gauche, en ligne.*

131. 1. *A gauche, en ligne.* — 2. MARCHE.

Au premier commandement, les chefs de section commandent :

Tournez à gauche.

Les guides se portent vivement sur la ligne de bataille, à l'endroit où doit appuyer la flèche de leur pompe, font face à droite. Ils sont alignés par l'adjudant.

Au deuxième commandement, vivement répété par les chefs de section, chaque pompe tourne à gauche et se dirige vers son guide ; y étant arrivé, la pompe s'arrête.

132. Si l'on manœuvre avec les cuviers, ce sont les chefs de section qui se portent sur la ligne de bataille.

Dans ce cas, la ligne de bataille doit être tracée assez avant pour que les cuviers puissent venir tourner à la même place que leurs pompes et se trouver à trois pas derrière elle.

Au commandement de *à gauche, en ligne*, les chefs de cuviers commandent :

Premier ou deuxième, etc., cuvier.
— EN AVANT.

Au commandement de *marche*, les cuviers marchent droit devant eux, exécutent leur tourner sur le commandement des chefs de cuviers, au même endroit que leur pompe, et s'arrêtent en même temps qu'elles, en ayant soin de se trouver toujours à trois pas derriere leur pompe.

133. 2.° *Etant en marche en colonne, par pompe, la droite en tête, se former sur la droite, en ligne.*

134. 1. *Sur la droite, par pompe, en ligne,* — 2. MARCHE.

Au premier commandement, le chef de la première pompe commande :

TOURNEZ A DROITE.

Au commandement de *marche*, vivement répété par le chef de la première pompe seulement, la première section exécute ce qui a été dit aux articles 131 et 132, en tournant à droite au lieu de tourner à gauche.

La deuxième pompe a continué de marcher droit devant elle. Lorsqu'elle a dépassé la première pompe de la distance qui doit l'en séparer sur la ligne de bataille, son chef commande :

Tournez à droite. — MARCHE.

A ce commandement de *marche*, la deuxième section exécute à son tour le même mouvement que la première pompe.

Les autres pompes en font *successivement* autant.

135. Si l'on manœuvre avec les cuviers, ces

cuviers exécutent leur *tourner* à la même place que leur pompe, qu'ils suivent et arrêtent en même temps qu'elle.

136. On observe pour cela tout ce qui est dit art. **132.**

137. 3.° *Etant en colonne, par pompe, la droite en tête, se former en avant, en ligne.*

138. On place deux jalonneurs pour déterminer l'alignement, et on commande :

1. *En avant, en ligne.* — 2. *Guide à droite.* — 3. MARCHE.

Au premier commandement, le chef de la première section commande :

EN AVANT.

Les autres commandent :

Oblique à gauche.

Au deuxième commandement, les guides se portent à droite, s'ils n'y sont pas.

Au troisième commandement, vivement répété par les chefs de section, la première pompe marche droit devant elle ; son guide se porte vivement sur l'alignement des jalonneurs et fait face à droite comme il est dit article 131. Cette première pompe arrivant sur la ligne de bataille, son chef commande :

Première pompe. — Halte.
— A droite alignement. — FIXE.

139. Pendant ce mouvement, toutes les autres pompes obliquent à gauche.

Lorsque la deuxième pompe a gagné l'intervalle qui doit la séparer de la premiere, son chef commande :

Oblique à droite. — MARCHE.

A ce commandement de *marche*, le guide se porte vivement sur la ligne, comme il est dit article 131, et s'aligne sur les guides déjà placés. La deuxième pompe arrivant sur cette ligne, son chef commande :

Deuxième pompe. — Halte.
— A droite alignement. — FIXE.

140. Les autres pompes exécutent successivement le même mouvement.

141. Si l'on manœuvre avec les cuviers, ces cuviers, suivant toujours leurs pompes, exécutent les mêmes mouvements, leurs

chefs faisant le même commandement que les chefs de pompes, en substituant toutefois le mot *curier* à celui de pompe.

Ce sont alors les chefs de pompe qui se portent sur la ligne de bataille, après avoir fait le commandement de *en avant*.

---

141 *bis*. OBSERVATIONS.

142. Dans les trois cas des articles **130**, **133**, **137** et leurs suivants, on se *forme* de la même manière *en ligne*, *par peloton ou division*, en substituant les mots de peloton ou division à celui de pompe, et en observant les principes et commandements des conversions, comme il est dit article **23**.

143. On fait rentrer les guides dans les rangs, en commandant :

1. *Guides*. — **2**. *Place*.

144. Dans les cas des articles **130**, **133**, **137** et **142**, mais ayant la gauche en tête, ont se forme : **1.°** à droite en ligne ; **2.°** sur la gauche en ligne ; **3.°** en avant en ligne, d'après les mêmes principes et en employant les moyens inverses.

145. CHANGEMENTS DE FRONT.

146. Étant en ligne, si l'on veut changer le front de bataille, on place des jalonneurs et on commande :

1. *Guides sur la ligne.* — 2. MARCHE.

Au premier commandement, les guides se portent sur la ligne des jalonneurs, à l'endroit où doit appuyer leur pompe, font face à droite. Ils sont alignés par l'adjudant.

Au deuxième commandement, les pompes se portent sur l'alignement en se dirigeant vers leurs guides ; elles s'y arrêtent d'elles mêmes.

147. Les cuviers n'ont qu'à suivre leurs pompes, en conservant leurs distances. Ils s'arrêtent en même temps qu'elles, et s'alignent à droite.

---

148. ROMPRE ET FORMER LES PELOTONS OU DIVISIONS.

On rompt et forme les pelotons et divisions d'après les mêmes principes et commandements que dans les marches avec armes, en substituant les mots de *pompes* et *curiers* à ceux de sections; et les chefs restant sur la ligne de leurs servants au lieu de se porter au centre.

(*Voir à l'école de peloton*, depuis l'article **237** jusqu'à l'article 254 inclusivement).

149. Les curiers restent toujours à distance derrière leurs pompes, et en suivent tous les mouvements.

Fin de la deuxième partie.

TABLE.

INSTRUCTION POUR LA MANŒUVRE DES POMPES A INCENDIES.

Deuxième partie.

FIN DE LA TABLE.

Tourcoiug. — Imp. de J. MATHON.

www.ingramcontent.com/pod-product-compliance
Ingram Content Group UK Ltd.
Pitfield, Milton Keynes, MK11 3LW, UK
UKHW021215230726
13926UKWH00003B/1042

9 782013 689533